AF363791

RECHERCHES

Sur la Cauſe & les Remèdes de la Maladie qui détruit les Arbres des promenades d'AGEN :

LUES

A la Séance publique de la Société libre des Sciences de cette Ville, le 24 Janvier 1788,

Par M. DE SAINT-AMANS,

Membre de pluſieurs Académies nationales & étrangères.

EXTRAIT

Des Nos. V & VI du Journal *d'Hiſtoire Naturelle.*

A AGEN,

Chez la Veuve NOUBEL, Libraire, Imprimeur du Roi, rue Garonne.

1789.

RECHERCHES

Sur la Cause & les Remèdes de la Maladie qui détruit les Arbres des promenades d'Agen.

EXTRAIT

Des N^{os}. V & VI , du Journal *d'Histoire Naturelle*.

LE dépérissement précipité des ormes de nos promenades, réclame à la fois la curiosité des Physiciens, l'attention des Cultivateurs , & l'intérêt de tous ceux qui composent cette assemblée. Si personne ne s'est occupé , jusqu'à présent , de la maladie qui cause la destruction de ces arbres , si personne sur-tout ne l'a considérée avec le flambeau de la Physiologie végétale, qu'il me soit permis de hasarder quelques réflexions sur un sujet aussi important, & de manifester à cet égard des recherches dont l'avantage général est l'objet & le prix. Nos efforts fussent-ils sans succès, présentés aujourd'hui par le zèle au zèle de nos concitoyens , ils doivent du moins nous mériter leur indulgence.

L'orme employé dans nos plantations est ici connu sous le nom *d'ormeau à larges feuilles , d'ormeau de Toulouse* ou de Hollande. Il est regardé par les Botanistes comme une variété de *l'ulmus campestris* de Linné , & se trouve désigné dans le traité des arbres & arbustes de *Duhamel* , par la phrase suivante : *ulmus*

[4]

major ampliore folio, ramos extrà ſe ſpargens. Noùs pourrions auſſi peut-être le rapporter à celui que *Miller* a nommé, d'après *Pluknet, ulmus major hollandica & magis acuminatis ſamaris, folio latiſſimo ſcabro.*

Les ormes de cette variété, par des progrès rapides & ſoutenus, avoient atteint dans nos promenades toute la beauté dont ils étoient ſuſceptibles ; ils embelliſſoient les dehors de la Ville, ils purifioient l'air des environs au moyen d'une végétation vigoureuſe, & ſembloient promettre de conſerver long-temps ces avantages à nos concitoyens, lorſque frappés d'une mort auſſi ſubite qu'inattendue, certains de ces arbres ont donné lieu de remarquer, ſur quantité d'autres individus, les traces de la maladie qui nous occupe, & dont nous allons commencer par décrire les ſymptômes.

Peu faciles à diſcerner, les premiers ſignes de cette eſpèce d'épidémie échappent, pour l'ordinaire, au plus grand nombre des obſervateurs. Ce n'eſt, dans l'origine du mal, que le léger ſuintement d'une humeur viſqueuſe qui paroît au fond des ſillons de l'écorce, & qui ſe termine avec le mouvement de la ſève, après avoir ſeulement un peu noirci la partie ſupérieure de la tige vers l'inſertion des branches. Dans la ſeconde année, cet écoulement s'étend ſur la totalité de l'écorce, comme une ſorte de vernis noir & onctueux, dont les inſectes aîlés, & ſur-tout les frelons, ſe montrent fort avides ; cependant malgré l'abondance d'une ſecrétion auſſi extraordinaire, les productions de l'arbre ne laiſſent pas de paroître avec vigueur, & de continuer ainſi juſqu'à la ſève d'Août de cette ſeconde année. Alors, ſeulement, la végétation commence à ſe ralentir ; alors les feuilles, plus

molles, plus débiles, moins nombreufes qu'auparavant, ne fe reproduifent qu'aux fommités des branches & des tiges. Le retour du troifième printemps
ramène tous ces fymptômes; & le dépériffement de
l'arbre, qui ne s'étoit d'abord manifefté que par des
degrés inappréciables, s'accélère à cette époque par
des progrès rapides & tranchans : la nouvelle sève
n'excite plus dans l'individu la même végétation; fes
productions annoncent la foibleffe; fon écorce fe
defsèche, fe détache par lambeaux; ces lambeaux
paroiffent pourris, & l'on aperçoit fur leur furface
intérieure les veftiges du travail des infectes qui femblent s'y être multipliés dès les années précédentes.
Enfin l'arbre ayant perdu toutes fes feuilles, périt
ordinairement dans le cours de l'été fuivant : du moins
n'a-t-on jamais obfervé qu'aucun de nos ormes ait
vécu plus de trois ou quatre ans, depuis le premier
fuintement dont nous avons parlé, jufqu'à fa deftruction totale. Si l'on examine les racines après la mort
de l'arbre, on les trouve dépouillées de leur tégument,
le plus fouvent chargées de moififfures, piquées des
vers, & dans un tel état de décompofition, qu'il eft
impoffible de ne pas y reconnoître le premier & le
principal fiége de la maladie. A ces détails prélimi-
naires, nous ajouterons une remarque qui nous paroît
effentielle; c'eft que la maladie dont il s'agit, & que
nous avons obfervée fur des ormes de toutes les variétés & dans toutes fortes de terrains, ne s'eft jamais
manifeftée à nous fur de jeunes ou fur de vieux arbres,
& qu'elle n'affecte exclufivement que les individus
parvenus à l'époque de leur plus grande perfection,
c'eft-à-dire, à ce terme où, confidérant la durée ordinaire de leur vie, on peut croire qu'ils font adultes.

Dans la multitude des raifonnemens que chaque

jour nos compatriotes hafardent & font en droit de hafarder fur la caufe originelle des fymptômes que je viens de décrire, j'ai diftingué principalement deux affertions dominantes, trop peu fondées fans doute pour être contredites, mais cependant trop accrédi-tées pour ne point mériter notre attention. Selon quel-ques-uns, la mortalité de nos arbres doit être attribuée au peu de foin qu'on a pris jufqu'ici de leur entretien, & particulièrement à la taille trop confidérable & trop tardive à laquelle ils ont été foumis. Mais on verra bientôt ici que cette taille retardée peut avoir été plus avantageufe que nuifible aux arbres de nos promenades; & que fes inconvéniens, il eft vrai quel-quefois fuivis de l'ulcère & de la carie, ne fauroient déterminer la maladie actuelle, dont il feroit poffible qu'ils combattiffent les progrès : d'ailleurs ces arbres, dirigés avec une intelligence qui réclame nos éloges, font l'admiration des étrangers les plus inftruits dans cette partie de l'agriculture. Ainfi cette première opinion nous a femblé tomber d'elle-même, & nous avons penfé qu'après ce qui devoit être rapporté dans le cours de ce Mémoire, il étoit inutile de la réfuter. L'autre caufe exigeoit de nous un examen plus étendu, relativement à l'autorité du Savant auquel on en attribuoit la découverte. M. *de L peiroufe* avoit trouvé, difoit on, cette caufe dans l'exiftence de certains vers, ou autres infectes qui s'étoient intro-duits fous l'écorce des arbres, & en indiquoit le remède dans un traitement dont il avoit fait part au public. Quoiqu'un nom célèbre doive en impofer dans les fciences, il eft des circonftances où le doute eft permis, des occafions où, fans s'arrêter à la voix publique, il convient de remonter à la fource de la vérité. Un grand nom, par fa célébrité même, peut auſſi quelquefois nous ſervir de ſauve-garde : loin de nous ſéduire, il nous arme contre les erreurs attribuées à celui qui le porte , & dont le génie & les lumières nous font ſuffiſamment garantis. Telles étoient , & nous devons nous en féliciter , les raiſons qui nous empêcherent dès le premier inſtant de rapporter au ſentiment de M. *de Lapeirouſe* la mortalité de nos arbres. Son travail ſur ceux des alentours de Touloufe nous étoit encore inconnu ; mais d'après ſes autres ouvrages , le jugeant trop éclairé pour avoir pris dans la même occaſion l'effet pour la cauſe , ou tout au moins une cauſe ſecondaire pour la cauſe principale , il nous fut toujours impoſſible de croire que les arbres, dont ce Naturaliſte s'eſt occupé, puſſent être atteints de la même maladie que les nôtres. Fortement pré-venus de cette idée, nous n'avons rien négligé pour nous procurer le Mémoire de M. *de Lapeirouſe*. Ce Mémoire, que l'Académie de Touloufe vient de faire paroître (1) , eſt actuellement ſous nos yeux , & nous ſommes autoriſés à publier qu'il juſtifie plei-nement nos conjectures. Il faut néceſſairement re-garder les obſervations & les raiſonnemens de cet Académicien , comme étrangers au ſujet qui nous intéreſſe aujourd'hui , & ne point expliquer par eux le dépériſſement de nos arbres. Pour mettre cette vérité dans tout ſon jour , nous allons eſquiſſer ici rapidement les principaux caractères de la maladie qui détruit les ormes des environs de Touloufe. Non-ſeulement c'eſt un devoir pour nous d'effacer juſqu'à l'apparence de la mépriſe qui , fauſſement attribuée à M. *de Lapeirouſe* , ne pourroit que s'accréditer à

______

(1) Hiſtoire & Mémoires de l'Académie Royale des Sciences de Touloufe , tome III , page 197.

l'abri de fon ncm & au préjudice de nos promenades ; mais c'eft encore une juftice, un véritable hommage que nous rendons à la réputation méritée de ce Naturalifte diftingué. Nous remarquerons en conféquence :

Que la maladie dont M. *de Lapeiroufe* a traité dans fon Mémoire, fe déclare par la couleur brûlée qui remplace la verdure des ormes ; que les feuilles cependant reftent adhérentes aux branches, mais qu'elles ne font alors compofées que du feul réfeau ou fyftème vafculaire, leur parenchyme n'exiftant plus.

Que cette maladie a étendu fes ravages indiftinctement fur les ormes de tous les âges, & fans doute de toutes les variétés, puifqu'il n'y a dans le Mémoire nulle exception à cet égard ; qu'elle a infecté jufqu'aux fémis établis dans les pépinières ; mais que les individus ont d'autant mieux réfifté qu'ils étoient plus jeunes, & que les vieux arbres ont été les plus maltraités.

Que la maladie s'eft manifeftée dans toutes fortes de terrains, & que les arbres plantés dans les fonds bas & humides ont été plus épargnés que ceux qui végétoient fur les élévations ou dans les fols arides & graveleux.

Enfin qu'il n'eft fait aucune mention dans l'ouvrage de M. *de Lapeiroufe*, ni de l'écoulement dont nous avons parlé, ni de cette efpèce de vernis noir qui fe répand fur l'écorce de nos arbres, figne funefte & prochain de leur dépériffement.

Si ces confidérations doivent prouver aux obfervateurs les moins exercés, que les ormes de Touloufe & d'Agen n'étoient point attaqués d'une maladie analogue, elles démontrent auffi que M. *de Lapeiroufe* & nous devions néceffairement rapporter à une caufe différente la mortalité de nos arbres refpectifs. J'efpère que ce qui fuit, développant de plus en plus cette vérité, jetera quelque lumière fur le fujet qui nous intéreſſe particulièrement dans cet eſſai, & juſtifiera peut-être cette opinion aux yeux des Phyſiciens qui voudront nous prêter une attention tant ſoit peu ſoutenue.

On entend, par la sève des plantes, la collection de tous les fluides qui ſe balancent dans leurs vaiſſeaux. Les principaux de ces fluides, & les ſeuls dont nous devons nous occuper ici, ſont la liqueur lymphatique analogue à la lymphe des animaux, & le ſuc propre qu'on regarde comme le ſang des productions végétales. Blanc dans les euphorbes, jaune dans la chétidoine, rouge dans la patience ſanguine, ce ſuc eſt gommeux dans le prunier, réſineux dans le pin, le cyprès, & varie dans toutes les eſpèces de végétaux par ſa couleur, ſa conſiſtance & ſes diverſes propriétés; il eſt mucilagineux, preſque gommeux dans l'orme, quoiqu'il s'y rapproche de la liqueur lymphatique par ſa limpidité. M. *Duhamel* & quelques autres Phyſiciens ont cru qu'il y avoit naturellement dans cette eſpèce d'arbre une ſaveur douceâtre & mielleuſe; mais je ſoupçonne qu'il n'acquiert le goût du miel, qu'après s'être extravaſé dans les ſillons de l'écorce, & par une première altération qui développe toujours dans les fluides végétaux un principe ſucré, avant de les faire paſſer à la fermentation vineuſe. Quoi qu'il en ſoit, il n'eſt pas douteux que la maladie dont nous traitons, ne dérive dans l'orme d'un écoulement contre-nature du ſuc propre. Cette vérité, indépendamment des autres obſervations, nous eſt certainement indiquée par la quantité d'inſectes qui viennent pomper ce ſuc dans les crévaſſes de l'écorce, où il ſe répand quelquefois avec beaucoup d'abondance. C'eſt donc une eſpèce d'hémorragie végétale que nous avons à combattre ; une irruption évidente du fuc propre dans les vaiffeaux lymphatiques & le tiffu cellulaire, qu'il détruit en partie avant de fe manifefter par un écoulement extérieur. Comment voudroit·on expliquer cette extravafation par le moyen des infeɗes ? Je crois bien, & nous l'avons déjà remarqué, qu'il fe raffemble dans cette circonftance des infeɗes fous les couches corticales, & qu'ils doivent s'y multiplier beaucoup ; mais il me fera toujours impoffible de les regarder autrement que comme des moyens auxiliaires, qui font capables d'accélérer la mort de l'arbre, fans avoir déterminé fa maladie. C'eft ainfi que le vulgaire, prenant auffi dans la même occafion l'effet pour la caufe, attribue la mort des arbres attaqués de cette hémorragie funefte, à la fuccion des frelons avides de la liqueur fucrée qui découle de ces arbres, fans faire attention que la mouche commune & l'innocent papillon les ont toujours dévancés dans ce prétendu délit, dont aucun de ces animaux ne fauroit être coupable. Mais voyons notre opinion acquérir une nouvelle probabilité par les remarques fuivantes.

L'orme eft un des arbres les plus voraces qui décorent la campagne : il étend à des diftances quelquefois très-confidérables, & toujours dans un fyftème horizontal, fes nombreufes racines. Si l'on confidère le petit volume de fes feuilles, & le peu de temps qu'il emploie à la perfeɗion de fes femences, on s'étonnera qu'il énerve, à proportion plus qu'aucune autre efpèce d'arbre, le fol qui le nourrit. Ainfi l'orme qui s'approprie, par le nombre & la difpofition favorable de fes racines, une grande abondance de sève, planté dans un terrain qui lui convient, fait dans fa jeuneffe les progrès les plus rapides. Arrive cependant l'âge adulte de l'individu : dans cet état, ses racines attirent une quantité de nourriture, d'autant plus grande, qu'elles se sont multipliées à l'infini, & que leur nombre s'accroît tous les jours. Mais bientôt les canaux qui reçoivent les fluides nourriciers, les organes qui doivent les filtrer dans le corps de l'arbre, loin de conserver leur diamètre & leur souplesse, commencent à s'oblitérer, à devenir d'une rigidité qui s'oppose à de nouveaux accroissemens : le bois se raffermit, & les productions diminuent. Qu'arrive-t-il alors dans l'individu végétal ? Ce qui se passe dans l'animal qui, ayant atteint le terme de sa croissance, voit à cette époque dépérir ses organes par la même cause qui les avoit perfectionnés. Ainsi l'homme à quarante ou quarante-cinq ans, lorsqu'il a pris tout le développement dont il est susceptible, se soutient encore quelques années, pendant lesquelles il épaissit ordinairement par l'effet d'une nourriture surabondante ; mais cet embonpoint même est un symptôme de décrépitude. Peu à peu les dépôts successifs, occasionés par le transport de la matière nutritive, commencent l'obstruction des vaisseaux : de-là la vieillesse & ses infirmités. Détournons les yeux de ces vérités affligeantes, & revenons au règne végétal.

Supposons un orme parvenu à cet état de développement parfait, au-delà duquel ni l'organisation ni l'accroissement n'ont plus de progrès à faire. Si cet orme végète dans une terre très-substantielle, l'emploi de la sève n'étant plus en raison de son affluence, il faut nécessairement que les vaisseaux les plus surchargés tendent à se débarrasser du fluide superflu qu'ils contiennent, & cherchent à l'épancher dans les autres vaisseaux, s'il en existe de moins en-

gorgés dans le corps de l'arbre. Or c'est ce qui arrive évidemment lors de la maladie dont il s'agit. Le suc propre toujours , comme l'on sait , plus abondant dans l'écorce des arbres que dans le corps ligneux , & plus dense que le suc lymphatique , renfermé dans des organes dont la capacité ne lui suffit pas , se répand dans les vaisseaux lymphatiques & dans les utricules du tissu cellulaire. Ce suc ainsi mêlé avec la lymphe , en proportion très-considérable , suspend le mouvement de ce dernier fluide , & ne conserve pas le sien dans ces vaisseaux étrangers : bientôt la stagnation succède au balancement des liqueurs , & la fermentation s'établit. Alors l'expansion du fluide élastique qui se dégage , dilacère les vésicules du tissu cellulaire ; toute organisation se détruit dans l'intérieur de l'écorce , & l'irruption du suc propre paroît. L'arbre cependant ne semble pas d'abord souffrir beaucoup de ce dérangement; cela doit être, attendu que les fibres des végétaux n'ayant ni point de réunion , ni centre commun où le mouvement vital réside exclusivement , la vie de ces êtres , organisés d'une manière plus simple que les grands animaux , est répandue avec égalité dans toutes leurs parties , & que chez eux la seule de ces parties qui se trouve affectée est par conséquent la seule malade, & la seule qui cesse ses fonctions. Aussi voit-on que nos arbres, dans les premiers degrés de leur maladie, ne laissent pas de végéter avec vigueur, parce que la texture de l'écorce, presque entièrement détruite sur le tronc, n'est point encore altérée sur les branches, & que le mouvement des liqueurs continue dans les extrémités supérieures avec la même liberté que si le corps de l'arbre étoit parfaitement sain. Ce n'est donc seulement que dans le dernier période de ce funeste état,

lorſque l'écoulement du ſuc propre envahit toute
l'étendue de la tige, lorſqu'il paroît ſur les groſſes
branches, & commence à vicier l'écorce des plus
petites dans ſes couches intérieures; ce n'eſt ſeulement que vers cette époque de la maladie, que les
productions de l'individu doivent diminuer ſenſible-
ment, & que la végétation tend à devenir languiſſante.
Alors tout le mal eſt conſommé; alors il n'eſt vrai-
ſemblablement plus de remède; les inſectes accourent
de toutes parts, & ſemblent avertir par leur empreſ-
ſement autour de l'arbre, qu'ils jouiſſent de ſes derniers inſtans. Dès lors triſte & deſſéché, cet arbre
conſerve encore quelque temps une exiſtence défail-
lante; puis meurt tout-à-coup, ſouvent même ſans
paroître avoir paſſé par les degrés intermédiaires dont
nous avons parlé, du moins ſans qu'on ſe ſoit aperçu
de ſa maladie autrement que par l'affluence des inſectes qui, dans aucune circonſtance, ne manquent
guère d'annoncer ſa mort. Quant à cette fin préci-
pitée, effet viſible d'une criſe intérieure, par laquelle
tout principe de mouvement & de vie ſont anéantis
à la fois dans l'individu, nous croyons pouvoir l'attribuer au dernier effort du ſuc propre qui, ne pou-
vant plus s'épancher dans les vaiſſeaux lymphatiques,
ni dans le tiſſu cellulaire, s'écoule dans les trachées,
ſeuls vaiſſeaux qui puiſſent encore le recevoir. Alors
s'introduiſant dans ces organes de la reſpiration des
végétaux, & qu'on fait réſider excluſivement dans
leurs tiges, il en chaſſe l'air, & l'arbre périt auſſitôt
par la privation de ce fluide auſſi eſſentiel à la vie
végétale, qu'il peut l'être à la vie animale. Ainſi la
maladie qui nous occupe, ayant commencé par une
hémorragie, ſe termine par une ſuffocation.

La nature paroît donc n'avoir pas mis dans l'orme

une proportion auſſi exacte que dans la plupart des végétaux, entre les moyens de ſuccion & ceux de ſecrétion. Il ſemble même qu'on pourroit reconnoître dans le bois de cet arbre, qui ſe tourmente & ſe gonfle à la moindre humidité, quoique ſec & mort depuis long-temps, une diſpoſition qui doit le rendre, lorſqu'il végète, plus ſuſceptible de s'abreuver des ſucs de la terre, qu'aucune autre eſpèce d'arbre. Mais ſans recourir pour l'établiſſement de notre opinion à de ſemblables conjectures, trop haſardées, peut-être, cette diſpoſition paroît aſſez prouvée, & nous croyons être certains que l'orme, dans quel terrain qu'il ſoit planté, attire toujours plus qu'il n'emploie ou n'évacue. Ce principe une fois reconnu, l'orme eſt ſujet dans toutes ſortes de terres à la maladie dont il s'agit, & les ſols arides ou graveleux doivent retarder la maladie, en ſuſpendre les eſiets : tout cela ſe vérifie par l'obſervation journalière.

Après une pareille explication de la mort de nos arbres, en tout ſi conforme & ſi analogue aux ſymptômes obſervés pendant leur maladie, pourroit-on encore l'attribuer à une taille retardée, ou aux inſectes découverts par M. *de Lapeirouſe ?* La ſeule réflexion, que nos ormes ne ſont ſujets aux accidens ci-deſſus décrits, que vers le temps où ils parviennent à l'état adulte, ſuffit pour démontrer à la fois que ces opinions doivent nous paroître peu fondées, & qu'il n'eſt point de conjecture plus raiſonnable, plus naturelle que la nôtre, pour expliquer la cauſe de la maladie en queſtion. Nous oſons le préſumer; ſi l'on pèſe toutes les obſervations que nous avons rapportées; ſi l'on ſe repréſente le concours de preuves qui réſultent de ces obſervations combinées, il faudra néceſſairement regarder la cauſe de la mortalité de nos arbres, comme un vice inhérent à leur espèce; un vice qui commence, s'accroît, se fortifie insensiblement avec l'individu : comme un vice qui, produit essentiel de l'organisation des ormes, amène un état de pléthore vraie, & qui finit ordinairement par détruire ces arbres, lorsque des circonstances particulières ont développé son existence, augmenté son énergie ou favorisé ses progrès.

Maintenant, s'il nous est permis d'espérer qu'on nous a suivis dans les détails où nous sommes entrés, & qu'on en aura déduit avec nous la cause du dépérissement des ormes de nos promenades, il nous sera facile d'expliquer comment ils sont ou doivent être généralement attaqués de la maladie dont nous venons de reconnoître l'origine. Premièrement, ce sont les arbres des allées de St.-Antoine, & ceux d'une contre-allée, située sous la terrasse de M. le président *Villeneuve*, qui sont les plus maltraités. Or, d'après nos principes, cela devoit être ainsi. Ces arbres, plantés en 1763, atteignent l'âge critique ; ils ont été placés dans un sol composé de déblais, de plâtras, de terreaux extraits des rues de la Ville, par conséquent dans un sol très-substantiel, très-chargé de nitre, de particules grasses & onctueuses : la seule inspection du local suffit pour s'assurer de cette vérité. Secondement, les arbres de nos promenades sont plantés beaucoup trop près : le terrain étant encore assez fertile, malgré leur rapprochement, pour fournir à une végétation vigoureuse ; ce même approchement dans les branches s'opposant à leur accroissement par la privation d'air & de lumière qu'il occasione, devient une cause & une cause très-active de la maladie en question. Troisièmement enfin, les édifices qu'on élève auprès de ces arbres viennent ajouter encore au danger de leur poſition : ce voiſinage , en interceptant la libre circulation de l'air , en augmentant l'humidité , diminue d'autant la tranſpiration inſenſible , ce qui ne peut manquer d'accélérer tous les ſymptômes dont nous avons parlé , & d'étendre les ravages de la maladie. Il ſeroit poſſible qu'on crût pouvoir m'objecter ici que la ſuccion des racines étant toujours en raiſon de la tranſpiration des feuilles de l'arbre , ce ſurcroît de nourriture ne ſauroit avoir lieu du moment où je ſuppoſe une ſuppreſſion partielle de la tranſpiration inſenſible. Mais ce raiſonnement n'auroit rien de ſolide , & ne ſeroit point applicable à la maladie dont il s'agit. Non-ſeulement la tranſpiration , pour s'effectuer , établit déjà l'exiſtence des fluides élevés dans le corps de l'arbre , ce qui prouve que l'aſcenſion de la ſève peut s'opérer ſans le ſecours de la tranſpiration : mais il eſt évident qu'on ne pourroit réclamer dans cette circonſtance contre notre opinion , en s'étayant ſur la dépendance réciproque de la ſuccion & de la tranſpiration , puiſque la maladie qui nous occupe eſt , en grande partie , l'effet de l'équilibre rompu entre ces deux agens de la végétation. Or , ſi cette loi de l'économie végétale eſt troublée ou ſuſpendue à l'égard de nos ormes ; ſi , par ſon altération , elle devient une des cauſes de leur dépériſſement , comment pourroit-on nous oppoſer une pareille difficulté ? Ce ſeroit invoquer , pour nous combattre , la raiſon de la maladie elle-même. Nous avons d'ailleurs journellement ſous les yeux des phénomènes qui prouvent que la ſuccion & la tranſpiration peuvent agir dans les végétaux indépendamment l'une de l'autre. L'arbre dont on retranche toutes les branches , repouſſe avec force , & fait ordinairement de nouvelles productions très-vigoureuſes , quoiqu'il

ſoit

foit alors dépourvu d'organes exhalans , lefquels
n'exiftent point dans les groffes écorces ; les bourgeons
s'ouvrent au printemps, & les feuilles fe développent ;
cependant l'afcenfion de la sève n'a point été déter-
minée par la tranfpiration. Enfin , fi nous voyons que
la tranfpiration infenfible des plantes , jamais fi confidérable que durant les fortes chaleurs de l'été, s'exerce
& fe continue néanmoins fans déterminer une fuccion
plus énergique de la part des racines , nous devons
reconnoître auffi que dans la maladie actuelle la fuccion des racines s'effectue fans le concours de la tranfpiration, que l'humidité environnante a rendue prefque nulle. Dans la première circonftance où , par la
difette des fucs, la déperdition l'emporte fur la nutrition , l'épuifement de la plante s'enfuit ; dans la
feconde , où la nutrition abonde & les fecrétions diminuent , la plante acquiert une réplétion qui ne
peut que lui devenir funefte. Tel eft donc, fans doute,
l'état des arbres dont nous nous occupons, état d'autant plus dangereux, que la sève dont ils s'abreuvent
agit peut-être fur eux, non-feulement par fa quantité , mais encore par fa qualité ; du moins paroît-il
probable que les huiles animales qui dominent dans
le terrain où ces arbres font les plus infectés, doivent
augmenter la vifcofité, la ténacité de leur fuc propre,
au point d'accélérer la pléthore , caufe déterminante
de leur mort. Après avoir réfumé ce que nous avons
dit dans cet article, & jeté un coup d'œil fur la totalité de nos arbres, on ne peut s'empêcher de reconnoître qu'ils paroiffent généralement plus ou
moins attaqués de l'épidémie , en raifon directe de
la fertilité du fol dans lequel ils fe trouvent placés ,
de fon humidité , & du défaut d'air occafioné par
leur rapprochement , ou par le voifinage des édifices ;

B

enfin, que les plus maltraités font ceux qui , plantés les premiers , ont atteint l'âge adulte , & que les individus qui parviennent actuellement à la même époque , donnent déjà des fignes d'un dépériffement prochain. C'eft ainfi que femblent fe juftifier mutuellement nos obfervations & nos principes.

Nous ne pouvons nous flatter qu'aucune de nos promenades échappe au défaftre que nous craignons , puifqu'elles font généralement infectées de l'épidémie funefte : cependant il en eft une, heureufement la plus agréable de toutes , qui femble devoir éviter la dégradation qui menace les autres. Le *quinconce* , planté dans un efpace aéré , dans un terrain frais , mais qui ne doit pas fa fertilité aux immondices de la Ville , le quinconce, qui ne peut avoir à combattre que l'humidité réfultante du rapprochement des arbres & de fa pofition fur le bord de la rivière , me paroît dans des circonftances plus favorables que les autres allées , & ne devoir point partager leur malheureux fort. Je me plais dans cette idée ; j'aime à me perfuader que l'épidémie ne fera pas de grands progrès fur les arbres qui le compofent , & qu'il atteftera peut être , par une moindre dévaftation , la folidité de mes raifons & la bonté des principes qui m'ont guidé dans ces recherches. Heureux le citoyen recommandable qui conçut & fit exécuter cette promenade charmante , qui long-temps veilla fur fon entretien , & qui toujours la voit avec des yeux de père ! heureux ce citoyen , s'il avoit confacré , par un monument durable , au commerce un feuillage protecteur , à fes concitoyens un ombrage falutaire ! l'idée que le fouvenir de fon bienfait feroit affuré par la durée du bienfait même , deviendroit alors le prix le plus flatteur de fon travail , & la plus digne récompenfe de fon zèle.

Mais le principal but de cet écrit étant d'éclairer le cultivateur fur la caufe de la maladie qu'il avoit à combattre, fi j'ai démontré que ne devant fon origine ni à une taille mal entendue, ni aux ravages des infectes, elle ne pouvoit être attribuée qu'à une furabondance du fuc propre; il ne me refte qu'à difcuter, par voie de fupplément, quelques moyens de prévenir cette maladie, ou d'en arrêter les progrès.

Ces moyens peuvent être préfervatifs, palliatifs ou curatifs. Parmi les premiers, je n'en vois qu'un feul dont on puiffe, dans certaines circonftances, attendre quelque fuccès. Malheureufement ce moyen qui pourroit être mis en ufage pour conferver un petit nombre d'arbres ifolés, ne fauroit, quoique très-fimple, être invoqué dans l'occafion actuelle. Il confifteroit à fouiller la terre autour de l'arbre, fur-tout vers l'extrémité des racines qu'il faudroit ménager avec grand foin; à retirer, des foffes qu'on auroit faites, la terre dans laquelle ces racines font étendues, & à la remplacer par une autre terre légère, fablonneufe, caillouteufe même, en raifon inverfe de la fécondité du fol où l'on opère. En pratiquant cette fubftitution avant l'époque où ces arbres font ordinairement attaqués de l'hémorragie fatale, il y a tout lieu de croire qu'on pourroit efpérer de les conferver. Tel eft le feul remède préfervatif qu'il nous foit poffible d'indiquer contre cette maladie. Quant aux palliatifs, nous ne penfons pas qu'il en exifte, au moins qui mérite d'être employé avec confiance. Cependant on devroit, dès la première apparition de l'écoulement, effayer des fcarifications longitudinales dans l'écorce & dans les couches les plus extérieures de l'aubier; on devroit pratiquer des ouvertures avec une tarrière bien tranchante, & à différentes profondeurs vers la bafe de la tige , au-deffus de l'infertion des racines : peut-être ces fcarifications , ces ouvertures , ferviroient-elles d'émonctoires au fuc propre extravafé , & fe porteroit-il alors avec moins d'abondance vers les parties effentielles à la végétation ? M. *Duhamel*, qui parle en paffant de la même maladie , dans fon excellent ouvrage fur la phyfique des arbres, tome II, page 339; & dans fon traité des arbres & arbuftes, tom II, page 369, dit avoir effayé de pareilles incifions , mais fans nous apprendre quelle fut l'iffue de fes tentatives. On pourroit confeiller encore , pour diminuer l'affluence de la sève, de réduire le nombre des branches de l'arbre, ou de retrancher quelques-unes de fes principales racines. Il eft probable que l'écoulement qui devroit réfulter de cette opération feroit falutaire à l'individu. Cependant fi , comme quelques-uns l'ont foupçonné , chaque groffe branche avoit fa racine correfpondante , & fi le retranchement de l'une amenoit infailliblement la deftruction de l'autre, la plus légère réflexion fuffiroit alors pour faire abandonner tous les remèdes de ce genre. Puifque la fouftraction d'une groffe branche doit entraîner, diroit-on, la perte d'une groffe racine , les moyens de fuccion & de tranfpiration reftant en même proportion qu'auparavant dans l'individu malade , il eft au moins inutile de le mutiler. Il y a plus; fi l'on n'abat que de moyennes , de petites branches , ou les brindilles qu'on facrifie ordinairement à la bonne grâce de l'arbre , on peut croire encore dans ce fyftème opérer un plus grand mal. Il arrive effectivement alors, par cette même taille qui ne fait point périr de racines, qu'on diminue les moyens de fecrétion, tandis que ceux de fuccion reftent les mêmes, ce qui devroit hâter les progrès de la maladie , au lieu de la guérir. Quoi qu'il en foit , comme tout ce qu'on peut alléguer fur la correfpondance intime entre les branches & les racines, ne me paroît pas encore affez prouvé, je croirois volontiers , en réfléchiffant fur les reffources de ce genre relativement. à la maladie qui nous occupe , que la moins mauvaife de ces ref-fources, celle dont on pourroit peut-être fe promettre plus de fuccès, feroit de priver totalement les arbres de leur cime , & de les réduire en tétards : on m'a rapporté que cette opération ayant été tentée fur une certaine quantité d'ormes malades à Damazan , petite ville du Condomois , elle avoit prefque généralement réuffi. Il eft vrai, ajoutoit-on , que la plupart de ces arbres avoient déjà des gouttières & des abreuvoirs, & que les individus qui ne guérirent pas, étoient dé-nués de ces émonctoires naturels. Cette dernière obfervation , fi elle eft bien conftatée, eft très-impor-tante : elle nous prouve combien il feroit avantageux de commencer tous les traitemens par les incifions longitudinales , & les ouvertures de tarrière que nous avons indiquées ; d'autant que nos arbres , comme ceux qui périrent fuivant l'obfervation que je viens de rapporter, n'ont point de plaie qui leur procure l'écoulement naturel du fuc propre furabondant , & que je ne me fouviens pas d'avoir jamais remarqué de pareilles gouttières fur les ormes morts de l'épi-démie dont nous traitons. Ainfi la nature fembleroit donc quelquefois réparer fa méprife à l'égard de cette efpèce d'arbre , en occafionant , dans certains indi-vidus privilégiés , ces fecrétions permanentes. N'en doutons point ; c'eft par ces difpofitions confervatrices de la nature , que nous voyons généralement tous les vieux ormes pourvus de femblables émonctoires , à moins que par l'effet nécessaire & long-temps continué de ces émonctoires qui altèrent peu à peu & pourrissent le corps ligneux, l'intérieur de ces arbres étant carié, ils ne subsistent plus que par leur écorce. Echappés à l'âge critique, parvenus à cet état où le suc propre a pris un cours réglé, on voit même des ormes atteindre un âge très avancé, fournir ordinairement une longue carrière, & justifier encore ainsi nos observations & nos principes.

Mais, quels moyens pour conserver un arbre, que ceux qui tendent à nous priver de l'agrément qu'il nous donne, des avantages qu'il nous procure! Ces moyens sont d'ailleurs trop incertains, pour n'être pas les derniers auxquels on doive recourir. Si nous les avons indiqués, nous n'en sommes pas moins persuadés que les mettre en usage, ce n'est, en quelque manière, que s'accoutumer par degrés à la perte qu'on voudroit éviter, & que loin de la reculer, c'est au contraire en précipiter l'époque. Nous n'essayerons donc jamais de semblables remèdes sur les arbres atteints de l'épidémie funeste (1) ; mais si nous avions à traiter cette maladie, nous nous bornerions exclusivement aux incisions longitudinales, aux scarifications dont nous avons parlé ; tantôt les pratiquant seulement dans l'écorce & dans l'aubier, quelquefois jusqu'au centre du corps ligneux, à la tige, aux branches, aux racines. Variant ainsi nos expériences selon l'âge des sujets, l'époque de leur maladie & les saisons,

____

(1) Non, sans doute, nous ne les essayerons point, puisque ces arbres dénués de gouttières périroient également, & que les émonctoires dont la nature a pourvu les autres, doivent les empêcher de mourir.

peut être que le hafard viendroit un jour couronner nos tentatives.

Il exifte encore deux moyens fur lefquels il eft poffible qu'on dût fe fixer ; l'un applicable aux circonftances actuelles, l'autre relatif aux plantations à venir. Le premier de ces moyens eft violent, & j'ofe à peine le propofer. Cependant les grands maux ne peuvent être combattus que par de grands remèdes. Je le dis à regret ; mais peut-être faudroit-il, pour s'oppofer efficacement à l'épidémie, pour fufpendre la rapidité de fes progrès, fe réfoudre à facrifier alternativement un arbre entr'autres, dans toute l'étendue de nos promenades. Le plus grand argument contre ce moyen, celui qui fe préfente au premier coup d'œil, c'eft qu'il paroît extrême, qu'on ne peut affurer pofitivement qu'il réuffira, & que dans cette incertitude, on doit fe déterminer difficilement à le mettre en pratique. Il n'eft pourtant pas douteux qu'une femblable opération ne ranimât l'énergie de la végétation languiffante, & qu'elle ne fût capable de conferver la plupart des arbres dont les dehors de notre Ville font embellis. On renonceroit, il eft vrai, pour quelques années, à cette continuité d'ombrage qui fait l'agrément de nos promenades, mais on auroit bientôt de plus beaux arbres, des arbres plus vigoureux ; on conferveroit leur effet général, & les diverfes perfpectives qui réfultent de leurs alignemens ; enfin fi la maladie continuoit fes ravages, on devroit au moins compter fur une reprife plus certaine & fur des progrès plus rapides de la part des arbres de remplacement, dont on ne peut fe promettre aujourd'hui qu'un fuccès bien médiocre. Le fecond moyen que nous avons à propofer contre la terrible maladie qui nous occupe, eft, comme je l'ai dit, d'un effet éloigné. Il ne peut être réclamé en faveur de nos promenades actuelles, mais il nous a été suggéré par la manière dont on multiplie habituellement les arbres dont elles sont composées. En revenant sur les opérations des jardiniers à cet égard, nous observerons, ce qui peut-être est plus essentiel qu'on ne fera d'abord tenté de le croire, que les ormes à larges feuilles, dont nous faisons usage dans nos plantations, sont tous provenus de rejetons, de marcottes, ou sont greffés dans les pépinières. Or, l'on sait fort bien que toutes ces méthodes excellentes pour obtenir très-vîte une grande quantité d'arbres, affoiblissent & font dégénérer insensiblement les individus ; & qu'afin de rendre à ces individus leurs facultés primitives, il est nécessaire d'avoir recours aux semences, dans lesquelles la nature rassemble toute son énergie pour perpétuer l'espèce avec les propriétés qui la distinguent. Les cultivateurs éclairés n'ignorent pas que la pomme de terre *solanum tuberosum*, multipliée trop long-temps hors de son climat natal, au moyen de la section ou de la séparation des tubercules, finit par devenir aqueuse, par perdre beaucoup de sa qualité nutritive, & que pour réintégrer, si l'on peut s'exprimer ainsi, cette plante dans sa première bonté, il est nécessaire de recourir à ses semences. Nous croyons de même que les ormes à larges feuilles, reproduits depuis un temps immémorial par les procédés ordinaires, ont insensiblement dégénéré, & sont actuellement plus sujets, toutes circonstances égales d'ailleurs, à la maladie dont il s'agit, qu'ils ne l'étoient autrefois, quand ils étoient plus près de leur origine. Cette conjecture nous paroît d'autant plus fondée, que l'orme, quoique bien commun en France, passe cependant pour y avoir été apporté du temps de François Ier, & n'y eſt point regardé comme indigène. En effet, cet arbre ne ſe trouve ni dans la tourbe où l'on voit en abondance le chêne, l'aulne, &c., ni parmi les bois pétrifiés, ſi communs en Agenois, ni dans les forêts, ni dans les anciens édifices : auſſi M. *Thouin*, dans ſon Mémoire ſur la culture des arbres, que la Société d'Agriculture a fait imprimer, ne comprenant pas l'orme au nombre des arbres naturels à la France, le claſſe-t-il avec ceux qui s'y ſont aclimatés au troiſième degré. D'après ces différentes obſervations, & de pareilles autorités, il me paroît vraiſemblable de ſoupçonner à cet arbre des rapports analogues avec les végétaux qui dégénèrent dans les pays où ils ſont étrangers, lorſqu'ils s'y reproduiſent conſtamment par une autre voie que par celle des ſemences ; & je penſerois que pour attaquer efficacement la maladie en queſtion, pour la rendre plus rare ou plus tardive, il faudroit avoir recours aux ſémis. Ces ſémis nous donneroient, comme on le remarque toujours, différentes variétés : on reprendroit alors, pour ainſi dire dans ſa ſource, celle de ces variétés qui ſe diſtingue par la grandeur de ſes feuilles ; & après quelques générations obtenues de cette ſorte, il eſt à préſumer que l'on pourroit la multiplier par marcottes, crocettes enracinées, comme à l'ordinaire, & la multiplier ainſi pendant long-temps avant qu'elle ne vînt à dégénérer au point où je la ſuppoſe parvenue aujourd'hui. Il eſt donc très-vraiſemblable que l'orme à larges feuilles, ainſi traité, reprendroit ſon ancienne vigueur, & qu'on y trouveroit quelqu'avantage relatif à la maladie actuelle. Quoi qu'il en ſoit des deux moyens que nous venons de propoſer, il ſuffit qu'ils ſe ſoient préſentés à notre idée, pour que nous n'ayons pas cru devoir les paffer fous filence dans ces recherches, où nous confidérons un fujet fi digne de l'intérêt public. C'eft à la fageffe, aux lumières de nos Adminiftrateurs, à balancer les avantages avec les inconvéniens du premier de ces moyens ; quant au fecond, c'eft aux Naturaliftes, aux Phyficiens, à déterminer le degré d'importance qu'il mérite. Au furplus, tous les détails que nous avons rapportés prouvant affez combien il feroit illufoire de s'occuper d'un remède curatif, on ne doit pas s'attendre à nous voir propofer ici un pareil remède. Nous nous bornerons à faire remarquer que la maladie dont il s'agit, étant occafionée par un vice d'organifation intérieur, inhérent & naturel à l'efpèce, toute application de topique, tout revêtement de paille, de terre glaife ou de maftic, ainfi que quelques perfonnes ont coutume de le pratiquer, ne peut ni guérir, ni même s'oppofer aux progrès de cette hémorragie, qu'avec une véritable douleur nous regardons comme incurable.

Nous terminerons ici ces recherches, en obfervant qu'elles n'auroient point eu pour objet le dépériffement de nos promenades, fi lors de leur plantation, au lieu d'avoir employé la variété d'ormeaux à larges feuilles, infiniment plus fujette que celle dite du pays, à la maladie dont nous avons traité, on eût fait ufage de cette dernière variété dont les feuilles ne font point auffi régulièrement dévorées par les infectes, qui s'élève beaucoup plus, & dont le bois pouvoit devenir une reffource pour la Ville ; enfin, fi l'éloignement refpectif de ces arbres eût été calculé fur la hauteur qu'ils devoient naturellement acquérir.

Telles font les réflexions que m'ont infpiré le dépériffement de nos promenades, le défir d'en con-

hoître la caufe, & d'en arrêter les effets. A la douleur
de les voir menacées d'une deftruction totale, fe joint
le regret de ne pouvoir prévenir ce défaftre par aucun
remède certain. Je crois, il eft vrai, avoir indiqué
l'origine de la maladie, & mis dans la bonne voie
le cultivateur qui raifonne les procédés de fon art;
mais ayant aperçu la fource du mal, ayant appro-
fondi la difficulté de s'oppofer à fes progrès, je n'en
gémis que davantage fur l'apparente inutilité de ces
recherches. Cependant l'événement que nous craignons n'eft point encore confommé; il eft même
très-poffible qu'il ne juftifie jamais nos alarmes. Si
quelque chofe peut raffurer les citoyens, & les tran-
quillifer à cet égard, c'eft le zèle éclairé de nos Ma-
giftrats; ce zèle dans lequel doit réfider toute notre
confiance, & qui s'étend fur toutes les parties du
bien public. Il infpirera fans doute à ces MM. les
moyens les plus efficaces & les plus prompts de
conferver à notre Ville fa principale décoration : &
foit au moyen d'un remède dont la découverte ne
nous a point été réfervée, foit par une extrême vigi-
lance dans le remplacement des arbres, nous devons
efpérer que leur zèle patriotique prolongera l'exiftence de ces promenades, auffi admirées par tous les
voyageurs, que chères à nos concitoyens dont elles
font les délices.

F I N.